U0470364

A BOOK FULL OF FEELINGS

认识你的情绪朋友

伤心、愤怒、嫉妒、害怕和快乐

汉娜，感谢你独到的见解和深深的启发！

——马里安

浪花朵朵

认识你的情绪朋友

A BOOK FULL OF FEELINGS

伤心、愤怒、嫉妒、害怕和快乐

[比利时] 马里安·杰拉特斯 文
[比利时] 黛博拉·范德沙夫 图
常江涵 贾文荟 译

贵州出版集团
贵州人民出版社

“你的大人”

每个小朋友都至少需要一个成人来照顾，比如你的父母、祖父母，或者是继父母、养父母，或者是老师等监管人……好多好复杂啊！

所以在这本书里，我们就管他们叫“你的大人”啦！

什么是情绪？

词典里通常写着：“情绪或情感，就是受到外界影响而感受到的东西，比如恐惧、悲伤和愤怒。”这听着是挺有道理的，但你还是不太明白吧。我们感受到的，究竟是什么呢？

“情绪”一词的英文“emotion”来源于拉丁语（一种现在已经没有多少人会说的古老语言）“emovere”，意思是“运动”。也就是说，情绪或情感会让你“动”起来，产生变化。

“动”起来，难道说的就是奔跑、挥手，或是动动你的小鼻翼吗？不是的，情绪是让你的内在动了起来，它在你的身体中波动，就像海浪一样。

情绪 = 在你身体中运动的一种能量

做一做

采访“你的大人”

“你的大人”不仅仅是“你的大人”，他们自己就是拥有喜怒哀乐的人，不只是“为你感到骄傲”“对你感到满意”，或者有时“生你的气”的大人。在你来到这个世界前，“你的大人”也曾是个小孩，就像现在的你一样。快去探索一下，他们原来的样子吧！

作为一个真正的新闻工作者，着装要正式。在脖子上系一条围巾，并在左侧打结，戴上一副圆眼镜。把旧网球剪一个开口，按在芭比娃娃的头上——这样，你就有个麦克风啦。

开始提问！你可以提出自己想问的问题，也可以用下面给出的几个例子。

- ✓ 你小时候为什么会生气？
- ✓ 你经常跟谁闹别扭？
- ✓ 让你感到最伤心的是什么事情？
- ✓ 谁在你伤心难过时给予支持和鼓励呢？
- ✓ 你曾经羡慕过谁吗？
- ✓ 你小时候喜欢过谁吗？
- ✓ 你会经常感到害怕吗？

- ✓ 你会怕黑吗？
- ✓ 你最棒的聚会是哪一次？
- ✓ 你最难忘的回忆是什么？
- ✓ 玩什么游戏让你最开心？
- ✓ 你有过想家的感觉吗？
- ✓ 你说过脏话吗？
- ✓ 你最怀念的一个人是谁？

蒙眼猜物

表达出自己的感受，其实并不容易。除了“不错”“还行”“不太舒服”这类描述以外，人们往往说不出别的话来了。尽管有那么多词语可以来描述你的心里、脑袋里和身体上的感受。

一个训练的好办法，就是寻找和你此刻感受相符合的词语。怎么做呢？去问问你身边的大人或小孩，他们想不想一起玩一个小游戏。要坚定一些！大人们可无法抵挡你那无辜的小眼睛哦。你先拿一条围巾，遮住对方的眼睛，然后向对方解释手里拿的是什么东西。

它是重的还是轻的呢？硬的还是软的呢？冷的、热的还是常温的？它的表面是光滑的、有纹路的，还是粗糙的呢？它是什么形状的？它的手感如何？它闻起来又如何呢？

做一做

下面这些东西可以让这个小游戏变得更有趣：

- ✓ 一块沾湿的搓澡巾或海绵。
- ✓ 一个小冰块或冰柜里的其他东西。
- ✓ 你的小猫咪。
- ✓ 你的小金鱼（嘻嘻，开玩笑啦！不能这么做哦）。
- ✓ 米粒。
- ✓ 陶泥。
- ✓ 一段绳子。
- ✓ 花盆里的一撮泥土。
- ✓ 一朵花或一片叶子。
- ✓ 一个柠檬或橙子。
- ✓ 一根香蕉（剥了皮的或者没剥皮的）。

做一做

词语拼接

能描述你的情绪的词语有好多好多，但你有时还是找不到一个合适的词语，这该怎么办呢？或许一个词的一部分和另一个词的一部分拼接起来，可以更接近你的感受，试一试吧！

安－静　感－恩　冒－险　乐－观　眩－晕　好－奇　感－动

兴－奋　生－气　高－兴　骄－傲　可－爱　伤－心

抱－团　固－执　孤－独　不－耐－烦　害－怕　不－安

疯－狂　开－心　忧－郁　欣－喜　犹－豫

轻－松　惊－讶　愤－怒　失－眠　友－善　嫉－妒

悲－伤　难－过　紧－张　自－由　亲－密

幸－运　沮－丧　沉－重　失－望　无－聊　舒－服

- ✓ 团密：你和朋友亲密到抱团在一起了。
- ✓ 失兴：你失去了兴趣。
- ✓ 悲喜：面对伤心的事，你反而笑了出来。
- ✓ 妒眠：你如此嫉妒，以至于失眠了。
- ✓ 无傲：你完全骄傲不起来。
- ✓ 好独：你喜欢一个人待着。
- ✓ 眩怒：你很生气，都开始头晕了。
- ✓ 自善：你友善地对待自己。
- ✓ 惊运：你的好运气十分惊人。

千变万化的表情

做一做

别在沙发上躺着了，起来站到镜子前。你的五官可以千变万化，你看到了什么？皱皱额头，扬起一根眉毛；嘟嘟嘴唇，亮出你的牙齿；咧开嘴笑，再撇撇嘴；抬抬鼻子，张开鼻孔。通过这些表情，你可以向世界展示心里的感受，这样你的大人和朋友们就知道他们该怎么对待你了。

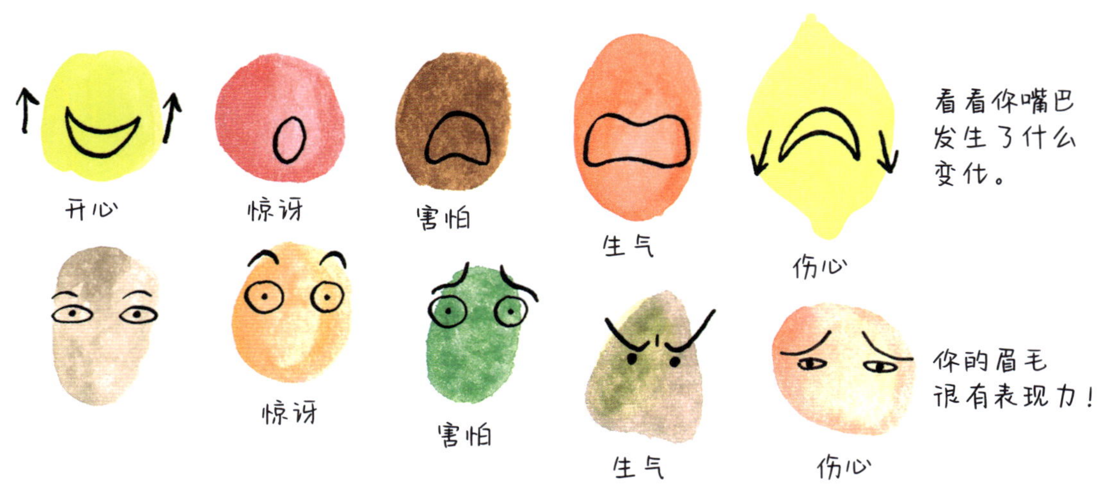

动动手，画一画！

- ✓ 害怕的土豆
- ✓ 生气的气球
- ✓ 暴躁的柠檬
- ✓ 忧郁的盒子
- ✓ 孤单的豌豆
- ✓ 热情的水桶
- ✓ 骄傲的自行车
- ✓ 幸福的吉他
- ✓ 充满希望的帽子
- ✓ 爱美的冰箱
- ✓ 快乐的夹克
- ✓ 懊恼的饼干
- ✓ 懒惰的灯
- ✓ 可怜的牛奶瓶
- ✓ 闷闷不乐的坚果
- ✓ 不安的章鱼
- ✓ 慌张的钢琴
- ✓ 平静的萝卜
- ✓ 羞愧的海绵
- ✓ 悲伤的桌子
- ✓ 坠入爱河的脚丫
- ✓ 发抖的华夫饼
- ✓ 紧张的锯子

手插在头发间
=
找不到解决办法

心里压了一块秤砣
=
不同意某事，很想说出来

心脏掉到脚跟
=
失去了勇气

给予一颗炙热的心
=
给予支持

长出六条腿
=
慌不择路

嘴里的东西都吐出来
=
想说什么就说什么

坚硬的心墙
=
没有一点儿同情心

心很小
=
很容易被吓到

肚子气鼓鼓
=
受够了

猜猜这些图片是什么意思。
尽情发挥自己的想象吧！

肚子上站大象
=
问题很严重

心中飞出蝴蝶
=
感觉很美好

把心放在舌尖上
=
真实地说出自己的感受

嘴被封住了
=
惊讶到说不出话来

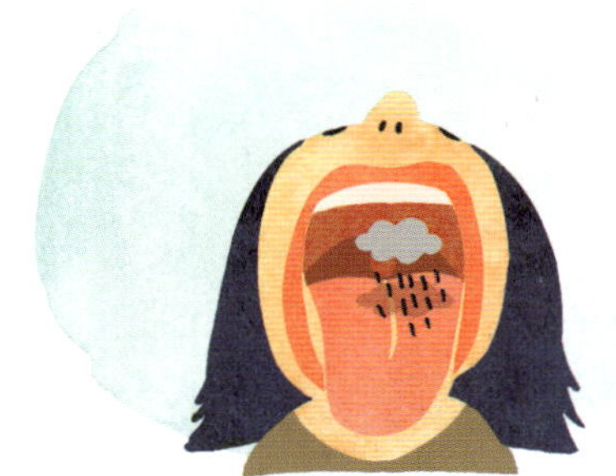

从喉咙里溢出来
=
不吐不快

眼睛瞪得好大好大
=
极为惊讶

看着自己的鼻子
=
很失望

五种自然的情绪

想象一下，你住在一个大房子里，但不是一个人，房子里还有五个情绪精灵：伤心、愤怒、嫉妒、害怕和快乐。它们各做各的：走来走去，互相玩耍，在窗台上睡觉……有时它们想要得到你的关注，就跳到你的大腿上或肩膀上，用小脑袋蹭蹭你，发出“呼噜呼噜”的声音，让你看着它们，聆听它们，当然还要挠挠它们的肚皮。

伤心

这位是伤心，它有这些特点：

✓ 灰灰的。
✓ 流眼泪。
✓ 头顶乌云。

伤心拖着沉重的脚步在房子里游荡，不时地看本书、喝杯茶。当你失去了什么的时候，伤心就会寻求你的关注：皮球在屋顶上拿不下来了，最喜欢的裤子破了，爸爸妈妈分开了，好朋友搬到了一个很远的地方，奶奶去世了……

幸运的是，在这些时刻，伤心会陪在你身边。它跳到你的胸口上，转四圈之后，卧了下来。泪水流过你的脸颊，一朵灰云出现在头顶上。你倾听着伤心，看着它，安抚它。如果需要，你可以哭，可以喊，直到伤心平静下来，又能四处走动，接着在窗台上玩耍、睡觉了。

多亏有伤心，你才能把心里的悲伤发泄出来，通过哭泣或喊叫把难受的情绪赶跑。即便这个过程并不简单，但这样你就可以道别，可以放手，继续往常的生活了。

有时人们会说：

只有小宝宝才会哭鼻子呢！

不至于啊！

坚强的孩子不哭！

突然间，伤心显得不那么重要了。真讨厌呢，这只懒惰又沉重的小东西一直卧在你的胸口上。你擦干眼泪，抬起脑袋，挺挺胸膛，看向了别处—— 天花板，还有窗外，接着你吹了吹口哨。你大声地喊了一声："什么事也没有！"

你这么做，伤心自然不喜欢，它变得越来越大，越来越大…… 直到它填满了整个房子，你没法回避它了。这样，你每时每刻都会感到悲伤，无论面对多么小的事情。

如果你长时间不搭理伤心，可能会得抑郁症。（抑——什么？是 yì yù zhèng。）当得了抑郁症，你会难过到不想起床、不想上学甚至不想玩耍，这非常糟糕。所以，让眼泪流出来吧，把伤心放出来，要知道哭也是一种坚强。

小知识：为什么哭泣对你有好处

伤心跳到你的大腿上，帮你流出眼泪，这很正常，因为眼泪具有以下功能：

- ✓ 清洁眼睛。
- ✓ 让你的视觉更清晰。
- ✓ 过滤掉你体内的有毒物质。
- ✓ 杀死细菌和病毒。
- ✓ 释放大脑中可以减轻疼痛的物质。
- ✓ 让压抑的情绪消失。

怎么安慰别人：

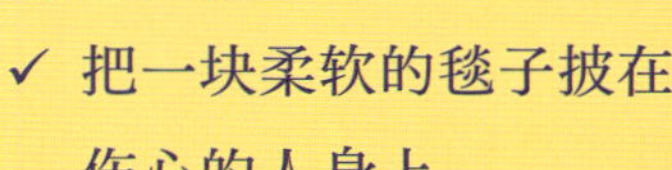

要这么做

- ✓ 把一块柔软的毯子披在伤心的人身上。
- ✓ 倾听他们发生的事。
- ✓ 点点头，并说“嗯”。
- ✓ 给他们一个大大的拥抱。
- ✓ 拿上一杯热饮料。

不要这么做

- × 转去谈论足球的事情。
- × 自己哭得比对方还厉害。
- × 向伤心的人随意扔过去一盒纸巾。
- × 用手指堵住耳朵，然后开始唱“啦啦啦”。
- × 数数对方掉了几滴眼泪，数到十的时候跳个小舞。

做一做

说说心里话

你的棒棒糖掉到水坑里了，伤心跳到你的胸口上并紧紧抱住你，你这时开始号啕大哭。旁边的男孩说：“不至于啊，只是个棒棒糖而已。”可是，你不仅是为了棒棒糖而哭，你哭是因为老师对你发了脾气，因为你最好的朋友转学了，因为你的毛衣被雨淋湿了，因为昨晚的噩梦让你疲惫不堪……所有这些原因，旁边的男孩自然不知道。这时如果把心里话说出来，会对你有所帮助。这样你的朋友可以更好地了解你，还能让你松一口气。

花一分钟谈一谈：

- ✓ 你做过最奇怪的梦。
- ✓ 你做过最顽皮的恶作剧。
- ✓ 你觉得最冷的笑话。
- ✓ 你最大的愿望。
- ✓ 你做过最糟糕的梦。
- ✓ 你最初喜欢过的人。
- ✓ 你参加过的最好玩的派对。
- ✓ 你最想家的时候。

让悲伤流淌

做一做

躺在床上、地板上或草地上。把你的右手放在心脏的位置，左手放在肚皮上，闭上眼睛，接着深吸一口气，把你的肚子像一个大气球那样鼓起来，把放在肚子上的左手尽可能往上推，放在胸口的右手保持不动。把肺里的空气都呼出来，肚子再瘪下去。重复做十次，感觉有眼泪涌上来，就让它流淌吧。

一种特殊的伤心：哀悼

哀悼是一种沉重的悲伤。你最亲爱的人或最喜欢的宠物去世了，或是你失去了自己最珍视的东西，这时伤心跳到你的胸口，沉入你的身体深处，很长时间都不会出来。你可以哭，可以和别人说说话。但是，处理这种悲伤，你需要一种仪式。在仪式里，你需要把注意力集中在一段特殊的时间，独自或者和别人一起做一件有特殊意义的事：点蜡烛、献花或者做些记录。伤心并不会因此而离开，但它可以平静下来。

一种特殊的伤心：失望

你的大人不关注你，你最好的朋友不遵守诺言，你收到的生日礼物是一件难看的睡衣，你期待已久的事情最终没有发生……确实，失望是一种很难应对的伤心。

做一做

笑到肚子疼

眼泪能让伤心离开，但你是否知道笑声也有用呢？快来试试吧！把附近所有的大人、小孩都找来，围成一圈。从十开始倒数，数到一的时候，所有人都必须同时大声笑出来—— 刚开始的时候你只能假笑，直到你开始真笑，让自己的笑声感染别人，一直笑到下巴酸、肚子痛。

一种特殊的伤心：心碎

你对某人深深的感情没有得到答复，此时伤心的你不但眼中含泪，心里还留下了伤口。你想和心中最重要的那个人在一起，但现在不能实现了。音乐可以安抚一颗破碎的心，放一些能安慰自己的歌，或者自己开口唱，把烦恼都唱跑吧。

尽情歌唱

做一做

找到一种感觉，并用音乐把它表达出来。找到调子，编一些歌词（用不存在的词也行），弄点声音，跺地板，把桌子当作鼓来敲，拿一小袋大米晃一晃。把身边的乐器都拿过来，独自或和别人一起唱，人越多，感受就越强烈。

一种特殊的伤心：乡愁

你出门在外时，突然非常想家，想念你的大人，以至于你一心想回去。这时，伤心让一朵灰色的乌云出现在你头顶。你知道吗？有一种熟悉的气味可以让这朵乌云立即消失——当你离开家的时候，从你的大人那里拿一件他们穿过的T恤吧，在难以入睡时，把它套在你的枕头上。

愤怒

这位是愤怒，你能这么认出它：

✓ 一团橙色的火球。
✓ 眼里放火。
✓ 双手握拳。

愤怒不停地在房子里蹦来蹦去，往墙上扔球，绕着桌子转圈。当面对不公平的事情时，愤怒就会跳出来：你的朋友不爱和你玩了，你的大人玩大富翁游戏时作弊了，你没有犯错但还是受了惩罚……这不公平！愤怒会立刻注意到这些，一下子蹦到你的肚子里，然后像火山一样爆发出来。

“不了，不要！我不！谢谢，再见！”面对你绝对不想要的东西，你说得出这些话，正是因为有愤怒。多亏了愤怒，没人能够无视你，没人能够欺负你！否则，你就会露出獠牙。

有时你会听到：

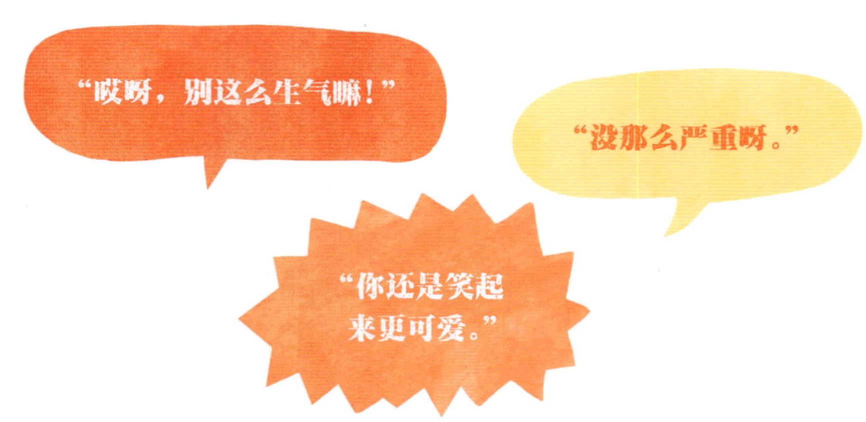

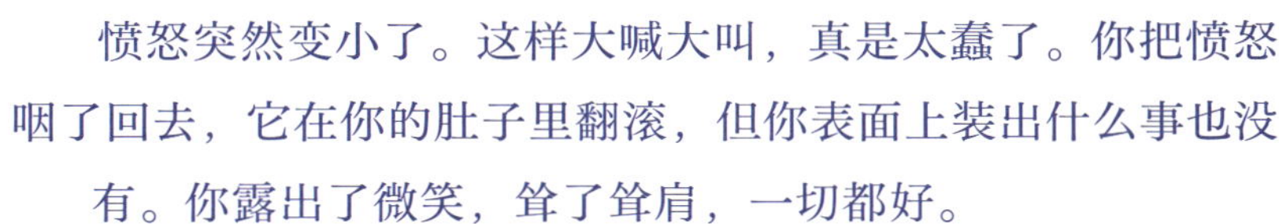

愤怒突然变小了。这样大喊大叫，真是太蠢了。你把愤怒咽了回去，它在你的肚子里翻滚，但你表面上装出什么事也没有。你露出了微笑，耸了耸肩，一切都好。

这么做，愤怒自然不高兴，“你没看到吗？”它尖叫道。愤怒开始“咕噜咕噜”地冒气泡，变得越来越大、越来越大……直到它填满了整个房子，你没法回避它了。突然，你每时每刻都会因为小事生气。如果你长时间不搭理愤怒，它就会变得具有攻击性，这时，愤怒会在你身体里翻江倒海，以至于你想踢打东西，甚至故意伤害别人。这怎么行呢？所以把愤怒发泄出来吧，这里跺跺脚，那里耍耍嘴，完事了！没什么大不了！

怎么解决争吵：

要这么做！

- ✓ 非常清楚地说：“我不喜欢这样。”
- ✓ 做出生气的表情。
- ✓ 把想说的说出来，谈谈自己的感受，告诉别人你不想要什么。
- ✓ 倾听对方的话。
- ✓ 退一步，海阔天空。

不要这么做！

- × 轻轻说一句：“没关系的。”
- × 把愤怒憋回去。
- × 使劲摇晃你的朋友。
- × 认为自己永远都是对的，什么都改变不了你的想法。
- × 抓你朋友的头发，这回不敢吵了吧。

做一做

来自内心的呼唤

和你的大人一起去一个空旷的地方、一条安静的街道或者一片海滩。两人面对面站在同一点上，然后同时向后退五步，互相呼喊，你能听见另一个人的声音吗？再退五步，再喊一次，重复几遍。听不见对方了？那就数一数你们中间隔着多少步。有多少步，你就能买多少根冰棍儿，当然让你的大人出钱喽。

做一做

生气时会做什么？

愤怒在你的肚子里爆炸了。你暴跳如雷，拳头紧握，尖叫不止。你缩到一个角落，眉头紧锁，一声不吭。过了一会儿你"噔噔噔"地跑上楼，把门一摔。每个人都有生气的时候，每个人都有自己的方式来表达愤怒。你的大人当然也会愤怒，和他们谈谈关于生气的事。比如生气时有什么表现？你生气时对方是什么感受？什么让你无法忍受？要怎么做才合适？有什么需要改变？

✓ 提高嗓门儿。
✓ 解释发火的原因。
✓ 保持沉默。
✓ 愤愤不平。
✓ 摔门。
✓ 哭泣。
✓ 惩罚对方。
✓ 吃很多东西。
✓ 缩到一个角落。
✓ 保持平静。
✓ 喊叫。
✓ 不理别人。
✓ 休息一会儿。
✓ 跺着脚走路。
✓ 扭头就走。
✓ 放狠话。
✓ 躲起来。
✓ 尖叫。
✓ 深呼吸。
✓ 走到别处。
✓ 上楼。
✓ 扔东西。
✓ 恶语伤人。
✓ 把事情告诉所有人。
✓ 皱眉头。
✓ 装作什么事也没有。

每个人对愤怒都有不同的感受。
但因此而伤害、侮辱或威胁他人真的不可以。
如果你的家里有这种情况，请寻求帮助。

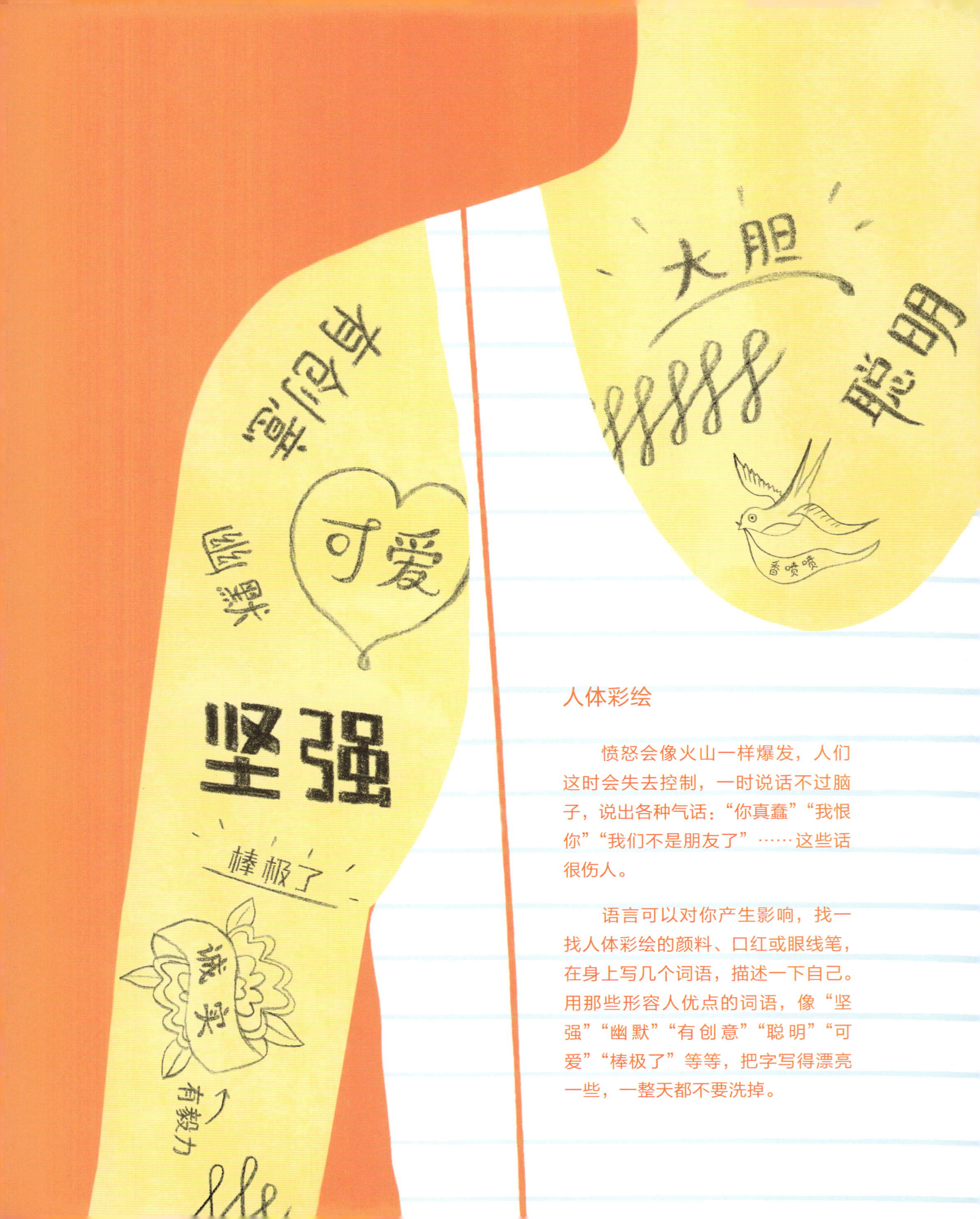

人体彩绘

愤怒会像火山一样爆发，人们这时会失去控制，一时说话不过脑子，说出各种气话："你真蠢""我恨你""我们不是朋友了"……这些话很伤人。

语言可以对你产生影响，找一找人体彩绘的颜料、口红或眼线笔，在身上写几个词语，描述一下自己。用那些形容人优点的词语，像"坚强""幽默""有创意""聪明""可爱""棒极了"等等，把字写得漂亮一些，一整天都不要洗掉。

一种特殊的愤怒：无能为力

如果愤怒不能发泄出来，你会感到无能为力。愤怒在你的肚子里爆炸，但你什么都做不了。你受到了不公，发出抗议，结果让情况变得更糟。或是你看到某人非常痛苦，你想提供帮助，想做点什么，但就是不行。

做一做

“摆”脱愤怒

站起来，垂下头，放松脖子、肩膀和四肢，让你的手臂和腿像面条那样软，跳起来，然后摆动你的脑袋和全身，像马一样大口吐气，把身体里的愤怒都摇摆出来，重复做五遍。

嫉妒

这位是嫉妒，你能这么认出它：

✓ 绿色的。
✓ 黏黏的。
✓ 有长长的触手。

嫉妒在房子里慢慢地蠕动，看看一扇窗户，再看看另一扇，时不时会开下门。嫉妒能看到你也想要的东西——哥哥去野营了，你最好的朋友去迪士尼乐园玩了，你的同学考试得了满分……

这时，嫉妒会跳到你的大腿上，把它的一只触手伸到你心里，你会感到一丝刺痛。你正在嫉妒别人，也许是偷偷地，也许只是一点点，但到底还是嫉妒了，因为你也想要这些啊！

嫉妒实际上是一个美好的生物，知道为什么吗？因为没有人告诉过你，这其实是一种正面的感觉。嫉妒让你更加了解自己，让你知道自己想要什么或者不想要什么。嫉妒还督促你学习新的事物，有了嫉妒，你就会不断尝试，不断前进，直到成功。怎么样？其实它还不错吧？

人们有时候会说：

“地球不是围着你一个人转的！”

“嫉妒让你变得丑陋。”

这些话很不好听啊，你不想变成这样，才不要呢。你把嫉妒关了起来，尽管双手全是绿色的黏液，但你没有犹豫。你哼着小曲，假装一切都很好。

你这么做，嫉妒自然不乐意。它叫得更大声了：“我也想要！”嫉妒疯狂挥舞着它的触手，变得越来越大、越来越大……直到它填满了整个房子，你没法回避它了。突然，你随时会为了很小的东西和事情产生嫉妒。

如果你长时间抑制嫉妒，它就会变成憎恨。你朋友有的东西，嫉妒也想要，但是憎恨要不惜一切代价，让你的朋友变得不快乐，让他/她得到的东西比你少，这可不再是原先那个还不错的生物了。

如果你很想要朋友的玩具，该怎么办？

要这么做！

- ✓ 找个其他的玩具，玩的时候笑得又开心又大声。
- ✓ 以至于你朋友想要玩你的玩具，把他自己的玩具放下了。
- ✓ 把你的玩具和朋友的玩具交换。
- ✓ 去玩自己最喜欢的玩具。
- ✓ 或者直接问朋友可不可以一起玩。

不要这么做！

- × 把玩具抢过来，坐在上面。
- × 把玩具抢过来，弄坏它，微笑着把坏了的玩具还回去。
- × 把玩具藏在一个谁都不知道的地方。那个地方如此隐蔽，以至于自己都找不到了。
- × 把玩具抢过来，用水彩笔写上自己的大名。

做一做

制作一个愿望板

嫉妒知道你想要什么。做一个愿望板吧！这样就能清楚知道自己渴望的是什么了。

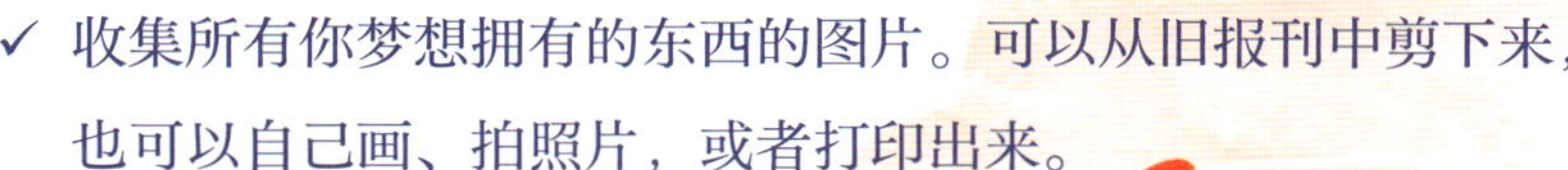

- ✓ 收集所有你梦想拥有的东西的图片。可以从旧报刊中剪下来，也可以自己画、拍照片，或者打印出来。
- ✓ 收集那些可以表达你心中愿望的词语。剪下来，也可以写下来，或者盖印章。
- ✓ 把所有图片和词语贴在一张大纸板上。
- ✓ 最后，把这张纸板挂在一个你经常能看到的地方吧！

做一做

挑战一下自己

你嫉妒别人吗？要注意哦！这种感觉告诉你什么了？写下你也想成为的那位厉害的人物，他 / 她都能做什么呢？挑战一下自己，你也能和他 / 她一样！

我很羡慕	他 / 她擅长	我要挑战
✓ 妈妈 / 爸爸	✓ 说外语	✓ 用 10 种语言说“你好”。
✓ 哥哥 / 姐姐	✓ 做体操	✓ 倒立 3 分钟。
✓ 最好的朋友	✓ 溜冰	✓ 用双脚带滑板起跳。
✓ 圣诞老人	✓ 飞翔	✓ 跳过一个高高的栅栏。
✓ 尤塞恩 · 博尔特	✓ 跑步	✓ 尽快完成家庭作业。
✓ 哈利 · 波特	✓ 骑在扫帚上飞	✓ 10 分钟之内打扫完屋子。

害怕

这位是害怕，它的外表是这样的：

✓ 白灰色的身体。
✓ 长着好多刺。
✓ 眼睛睁得大大的，四处张望。

害怕静静地坐着，用它的大眼睛环顾四周。害怕会在危险时吸引你的注意，它会跳到你的脖子上，大声喊："小心！"直到你的耳朵也跟着嗡嗡叫。你会听它的话，它让你做什么，你就做什么。不过你应该庆幸，如果没有它，你走路的时候可能会不看脚下，"砰"的一下从台阶上摔下来，甚至可能会把小手伸进滚烫的开水中。明白了吧，害怕会让你变得更加谨慎，更加安全，它每天都在拯救你！

人们有时候会说：

"看啊！她吓得尿裤子啦！"

"没出息的胆小鬼才会害怕！"

"哈哈，你的胆子小到看不见！"

一下子，害怕好像又没有那么顽强了。你把它深深藏在心里，没有人能看到或闻到它，没有人会嘲笑你了。你这么做，害怕自然不喜欢，它很担心你，更大声地呼唤你，它变得越来越大、越来越大……直到它填满了整个房子，你没法回避它了。突然间，你开始什么都怕了。

如果你把害怕藏得太久，就会感到恐惧，恐惧已经大到藏不住了。你会惧怕几乎一切事物，包括那些本来一点儿都不可怕的东西，比如豌豆和小鹿斑比。这怎么行呀？

如何驱赶大怪物

要这么做！

- ✓ 唱一首歌。
- ✓ 叫一个大人来。
- ✓ 假装自己也是一个怪物。
- ✓ 在脑海里幻想出一块大比萨。
- ✓ 想象自己很强大。

不要这么做！

- × 疯狂地挥舞棒球棒。
- × 大声咆哮十次：“走开！”
- × 瞪圆眼睛，整夜不睡。
- × 在你的毛毯下面点一支蜡烛，一不小心把房间点着了。
- × 白天再睡觉。

做一做

你可以变得很强大

害怕沿着你的后背爬到了脖子，你有没有感到脊背发凉？不要让自己像一个胆小鬼，要相信自己可以强大起来！平躺在床上，舒展你的手臂和腿，深深地吸气、呼气。每一次呼吸，你会感觉自己变大了三倍。吸气的时候，你会感到手臂和腿在变大；呼气的时候，你会感觉恐惧不那么严重了。反复做十次，记住，你很强大，你什么都不怕！

做一做

让那些你害怕的东西变得可笑

把你害怕的东西画出来，然后把它们弄得搞笑一些。如果你笑出来的话，就不会感到害怕了。

✓ 你害怕怪物吗？那就给它画一个大鼻涕或者滑稽的帽子！
✓ 你害怕木乃伊吗？那就让他踩到香蕉皮摔倒，或者被自己的绷带绊倒，嘿嘿。
✓ 你害怕蜘蛛网吗？给蜘蛛的脚穿上旱冰鞋，看它怎么把自己缠到一起！
✓ 你害怕女巫吗？给她的脸上扔一个冰激凌，哈哈哈！

让身体里的恐惧冷静下来

有时恐惧四处乱蹦，它觉得到处都很危险。它有时会大叫，吵到你都没法睡觉了。把你的恐惧当作一种害怕的情绪吧。把它放到你的腿上，让它平静下来。试着对它讲讲下面这些话吧，会对你有所帮助：

✓ 你很安全。
✓ 一切都没问题。
✓ 这里不危险。
✓ 这里很安全。
✓ 我来保护你。

做一做

快乐

这是快乐。
你立刻就能认出它：

✓ 脚下踩着粉红色的云。
✓ 淡淡的颜色。
✓ 明亮的眼眸。

快乐从一朵粉红色的云朵跳到另一朵上面，它哼着小曲，跳着舞。每当发生美好的事情时，快乐就会打起精神——过生日的那天，你收到了小礼物，阳光透过窗户照在你的脸上，你的大人给了你一个大大的拥抱。这时快乐就会跳着舞，用粉红色的云朵包裹着你，给你一种温暖、痒痒的感觉。

有时你会听到：

"你能普普通通，已经很不容易了！"

"很好！你做得快和你哥哥一样好了！你可真聪明呀。"

"你这件毛衣没什么特别的地方。"

快乐一下子被击溃了。它的云朵消失了，褪去了原本的颜色。你尝试抓住这些云朵，把它们紧紧握在拳头中。你拼命四处乱抓，想把它们放在一起。你不想和别人分享你喜欢的东西和你所爱的人，你想占有一切。"是我的！"你对所有人这么喊道。这对谁来说都不是什么好事，对你来说更不是。

嘘，需要我提前告诉你一些事吗？

✓ 你已经很棒了！
✓ 考试成绩并不能说明你的个人价值。
✓ 你可以为自己感到骄傲！就是这样。

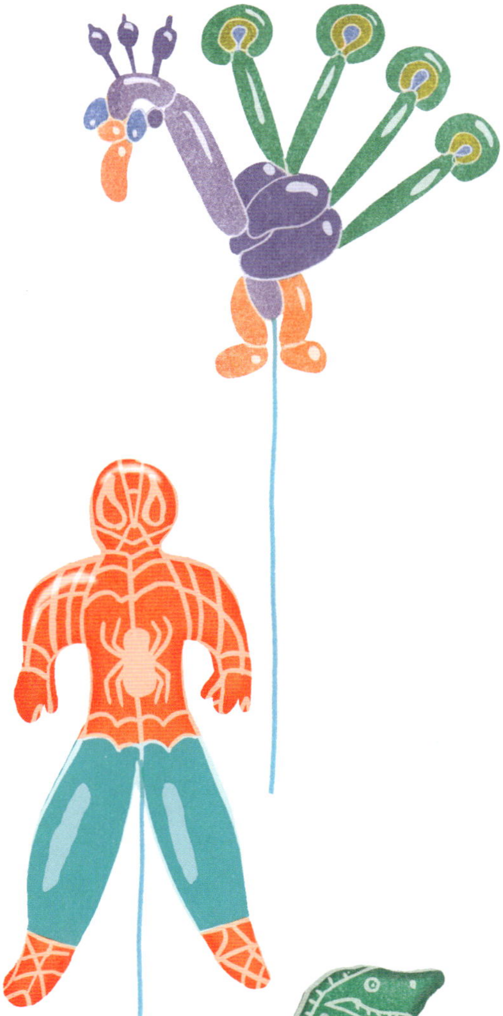

小知识

✓ 婴儿会在妈妈的肚子里笑。
✓ 盲人宝宝听到人的说话声会发笑。
✓ 小孩子一天能笑 400 次。
✓ 多笑笑，你会变得更健康。
✓ 如果你笑的话，会感到更好一点儿。

要让自己高兴一点儿！

试试这么做：

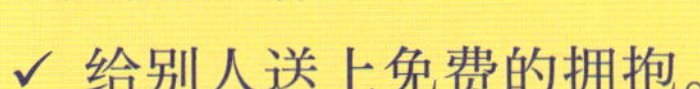

✓ 给别人送上免费的拥抱。
✓ 给你的房间挂满彩带和气球。
✓ 跳跳扭扭舞。
✓ 种一棵小树，给它取个名字。
✓ 唱一首欢快的歌曲。

做一做

感恩之书

幸福的人懂得感恩。听起来很有道理！我们通常会觉得，有人懂得感恩是因为他们很幸福。但其实正相反，人们只有在感恩的时候才会感到幸福。那么先尝试学会感恩吧，你可以在每天晚上写下这一天值得感激的五件事情。

例如：我很感激……

✓ 我交了新朋友。
✓ 我的大人愿意陪我玩大富翁游戏。
✓ 老师两次在《班级好孩子手册》中写下我的名字。
✓ 当我坐到教室里的时候，外面才下雨。
✓ 我的牙医休假去澳大利亚了。
✓ 同学从他自己的鼻子里弄出“小玩具”，而不是从我的。
✓ 老师也不知道该怎么拼写“宇航员”的英语单词。
✓ 在三次捉迷藏游戏中，我都逃过了小伙伴们的眼睛。
✓ 我的大人没有注意到“某人”把猫猫的尾巴染成了蓝色。

做一做

在街头上演枕头大战

带两个枕头出门。直到你看到另外一个小孩子，如果他想和你一起游戏，就扔给他一个枕头，然后开始枕头大战！不要把对方打疼了哦。尽情享受吧，不要忘记大声笑出来，一共重复十次。

尝试庆祝点不一样的东西

做一做

每年你都会庆祝生日和其他节日。然而，谁说要一直这样下去？生活中总有值得庆祝的事物。比如你的外套、领带，或者你的毛线帽，随便任何一样东西。记住，我们的人生就是一场盛宴！尽情享受吧！

- ✓ 为你的眼睛而庆祝：把旧眼镜的镜片取下，用羽毛和小石子装饰镜框，然后一整天都戴着它！
- ✓ 为风而庆祝：对你的朋友说“希望你像风一样度过自由快乐的一天！”

后知后觉的感受

有人来拜访你了！你听到了敲门声，透过窗户看到有两个小家伙手拉手站在外面。它们两个长得特别相像。你向它们挥挥手，它们也向你挥挥手。它们看起来十分友善，又敲了一次门。它们是谁呢?

罪恶感和羞耻感

它们是罪恶感和羞耻感，
一对双胞胎！它们的样子是这样的：

✓ 彩虹色。
✓ 手拉手，一直在一起。
✓ 有着清纯的眼眸和甜蜜的笑容。

你邀请这对双胞胎来到你家，拿出蛋糕分给它们吃，腾出房间给它们睡觉。过了好久，你甚至忘记了它们的存在，不过它们跟其他五个朋友一直玩得很开心。它们特别安静、懂事，但也会引起你的注意。比如当它们需要一些东西的时候，它们两个会分别抓着你的两条腿，贴在你的身边。它们从来都不会大喊大叫，只是小声说着悄悄话，让你几乎听不到，仿佛那些话就是你自己的想法。

罪恶感小声地说着：

“他们说得对，
是我把一切搞砸了。”

“我又做错了，
我到底在想什么？”

“我又犯了这么
低级的错误。”

羞愧感在你耳边说：

“我不够优秀。”

“他们总笑话我。”

“我太美了，太大了，太笨了，
太胖了，太丑了，太小了，
太胆小了，太粉了，太白了，太棕了，
太黑了，太疯了，太无聊了，太搞笑了，
太忙了，太安静了，太、太、太热情了，
太贪婪了，太调皮了，太懂事了，
太高了，太矮了，太蓝了，太红了，
太黄了，太绿了，太紫了……”

从前不是这样的……

在羞愧感来之前，明明是这样的：

✓ 你是从妈妈肚子里生出来的一个光着身子的小婴儿。
✓ 爸爸妈妈会给你洗小屁屁。
✓ 你第一次唱歌的时候有点儿跑调。

但是，你从来都不会为此感到羞愧。

在罪恶感来之前，你是这样的：

✓ 你每晚十次吵醒你的大人。
✓ 你会偷偷穿他们崭新的衬衫。
✓ 你太使劲揪妈妈的耳朵了。

你从来都不会为此而有罪恶感。
老实说，你的生活在它拜访之前更有意思。

怎么办？

要这么做：

✓ 识别出羞愧感和罪恶感。

✓ 拥抱它们发出的这些声音，抱抱你自己。看起来是不是很疯狂？

✓ 不过就是要这么做，疯一点儿也挺好的，嘻嘻。

✓ 用可爱的声音坚定地对自己说：“我才不相信你呢！”

✓ 自己来决定自身的价值。

不要这么做：

× 想找个坑，把自己埋进去。

× 说些风凉话，讽刺自己总是犯错误。

× 早上起来请求惩罚，但一整天依旧很调皮，之后也不长记性。

× 将闪烁的霓虹灯挂在头上，上面写着：“我有罪”。

× 作为惩罚，把书包压在自己的头上，靠着墙根走。

做一做

站在镜子前感受自己

你一定要把这个游戏全部玩下来。开始先说："站在镜子前，我觉得自己……"选择一个消极的、丑陋的词描述自己，让自己受到打击。之后反过来，重复一下这句话，然后填上一个积极的、美好的词语。一直重复下去，直到你再也找不到新的形容词。尽可能地做一个长长的单词列表。

这些词语或许会让你印象深刻：

- ✓ 华丽的
- ✓ 充满想象力的
- ✓ 才华横溢的
- ✓ 英雄一样勇敢的
- ✓ 天下无双的
- ✓ 迷人的
- ✓ 闪闪发光的
- ✓ 光彩照人的
- ✓ 创意十足的

你肯定也认识这些形容词：

- ✓ 厉害的
- ✓ 贴心的
- ✓ 调皮的
- ✓ 可爱的
- ✓ 美丽的
- ✓ 有魅力的
- ✓ 聪明的
- ✓ 善良的
- ✓ 幽默的
- ✓ 坚强的

做一做

表现得奇怪一点儿

每个人都有犯傻的时候。我们在闹别扭的时候经常会说出一些荒谬的气话，甚至会乱来。其实大人们有时也会这样，但他们会尽量避免自己这样做。知道了这些，你就会明白，其实没必要感到害羞。

这周每天尝试做一件令你害羞的事：

- ✓ 穿两只不一样的袜子上学。
- ✓ 戴着浴帽走在大街上。
- ✓ 当别人问你问题的时候，你都回答："香蕉！"
- ✓ 在脸上画一撮胡子。
- ✓ 把墨镜戴在头上，然后问别人："我的墨镜在哪儿？"
- ✓ 带着衣服标签在路上行走。
- ✓ 脑袋里想到什么，就立刻说出来。
- ✓ 发出猪一样的笑声。
- ✓ 一整天唱歌跑调。
- ✓ 在路中间表演飞鸟的舞蹈。
- ✓ 从里到外把自己裹得严严实实。

失败之书

你肯定听说过：失败不是什么坏事，失败是成功之母。每天写下五件失败的事情。这样开头：“XXX，在此签字声明，我会记住这些失败！”

✓《香蕉——被遗忘的蔬菜》不是演讲的好标题。
✓ 下楼时一次迈五个台阶，不是个好主意。
✓ 大声喊“救命啊，我这里着火了！”，会惹麻烦。
✓ 把头发粘在邻居男孩身上，并不能使我们成为更好的朋友。
✓ 对于我的小仓鼠来说，用吸尘器给它身上做清洁并不合适。
✓ 如果我把巧克力酱抹在脸上而不是面包上，我依然会感到很饿。
✓ 如果老师让我安静一些，我没有必要对全班同学大喊：“好的，老师！我会安静的！”

还要这么做

有些事情你不得不做，这些事情难免会让你感到害羞，你觉得别人可能会笑话你。比如站到台上演讲，给大家弹琴，开始戴眼镜……这些事的确不容易，你需要有足够的勇气去挑战它们。

你知道吗？其实身体可以帮到你，你的身体可以给大脑发送信号。如果噘嘴，你就会感到难过。笑的时候，你就会感到很开心。蜷缩在一起，你会觉得自己很虚弱，没有安全感。张开双臂和双腿，敞开胸膛，你就会感到自信和坚强。单腿站立，你还可以变成一只火烈鸟！

试一试，控制住你的恐惧心理：
✓ 叉开腿。
✓ 双脚牢牢踩在地上。
✓ 昂首挺胸。
✓ 把手伸向天空。
✓ 深深地吸气和呼气。
✓ 每次呼气的时候都发出声音。

你很重要，

你有一颗勇敢的心，

你真的非常棒！

想想小金鱼

当你觉得自己的情绪过于强烈的时候，或者内心在激烈碰撞的时候，或是看不到出路的时候，就在脑海中想象一条小金鱼吧。

你的小金鱼会让世界消失一小会儿，会激发你的想法。它来来回回地游着，直到你再次清醒过来，可以理智地思考现实。

图书在版编目（CIP）数据

认识你的情绪朋友 / (比) 马里安・杰拉特斯文；(比) 黛博拉・范德沙夫图；常江涵，贾文荟译. -- 贵阳：贵州人民出版社，2022.11（2024.3重印）

ISBN 978-7-221-17355-3

Ⅰ. ①认… Ⅱ. ①马… ②黛… ③常… ④贾… Ⅲ. ①情绪—自我控制—儿童读物 Ⅳ. ①B842.6-49

中国版本图书馆CIP数据核字(2022)第185471号

著作权合同登记图字：22-2022-080号

RENSHI NI DE QINGXU PENGYOU

认识你的情绪朋友

［比］马里安・杰拉特斯 文　［比］黛博拉・范德沙夫 图
常江涵　贾文荟 译

出 版 人　朱文迅
策划编辑　北京浪花朵朵文化传播有限公司
出版统筹　吴兴元
编辑统筹　冉华蓉
责任编辑　赵帅红
特约编辑　阿　敏
装帧设计　墨白空间・闫献龙
责任印制　尹晓蓓
出版发行　贵州出版集团　贵州人民出版社
地　　址　贵阳市观山湖区会展东路SOHO办公区A座
印　　刷　天津联城印刷有限公司
经　　销　新华书店
版　　次　2022年11月第1版
印　　次　2024年3月第4次印刷
开　　本　889毫米×1092毫米　1/16
印　　张　3.5
字　　数　27千字
书　　号　ISBN 978-7-221-17355-3
定　　价　60.00元

读者服务：reader@hinabook.com 188-1142-1266
投稿服务：onebook@hinabook.com 133-6631-2326
直销服务：buy@hinabook.com 133-6657-3072
官方微博：@浪花朵朵童书